AF348151

REMARQUE

SUR LA

DESTRUCTION DES PLANTES

INDIGÈNES

AU BRÉSIL

ET

SUR LE MOYEN DE LES EN PRÉSERVER

PAR

M. Ladislaü NETTO

Directeur de la Section de Botanique et d'Agriculture au Muséum impérial
de Rio de Janeiro,

SUIVIES D'UNE NOTE SUR LE MÊME SUJET,

PAR M. NAUDIN

Membre de l'Institut.

---

*Lues à la Société botanique de France, dans la séance
du 11 février 1865.*

PARIS

A. PARENT, IMPRIMEUR DE LA FACULTÉ DE MÉDECINE,
31, RUE MONSIEUR-LE-PRINCE, 31

1865

REMARQUE

SUR LA

DESTRUCTION DES PLANTES

INDIGÈNES

AU BRÉSIL

ET

SUR LE MOYEN DE LES EN PRÉSERVER

PAR

M. Ladislaü NETTO

Directeur de la Section de Botanique et d'Agriculture au Muséum impérial
de Rio de Janeiro,

SUIVIES D'UNE NOTE SUR LE MÊME SUJET,

PAR M. NAUDIN

Membre de l'Institut.

*Lues à la Société botanique de France, dans la séance
du 11 février 1865.*

Dans l'expédition que j'ai faite en 1862, par ordre
du gouvernement brésilien, jusqu'au fleuve de San-
Francisco, en accompagnant le savant astronome français, M. Liais, je me suis occupé de recueillir pour
notre herbier toutes les plantes pouvant avoir de l'utilité
dans la médecine, dans les arts ou dans l'industrie,
et c'est à la suite du classement que j'ai fait de ces
plantes, au Muséum de Paris, que m'est venue l'idée
de publier les résultats intéressants que ce classement
m'a fournis.

Dans l'intérieur du vaste empire du Brésil, les villes sont rares et les pharmacies plus rares encore. C'est dire que la médecine n'y est pas exercée d'une manière aussi régulière que dans les capitales; là, chacun est son médecin et connaît, par suite d'expériences propres et surtout par tradition, les propriétés des plantes qui fourmillent autour de lui; aussi quantité de végétaux sont employés par les indigènes pour la cure de maladies assez graves avec un plein succès. C'est ainsi que, dans la vaste région des plaines intérieures de Minas-Geraes, où la végétation est moins variée que dans les forêts, on rencontre cependant de nombreuses richesses. Parmi les plus connues des naturels, il faut distinguer le fameux *Strychnos pseudo-quina*, fébrifuge énergique, employé par les habitants du *Sertão* contre les fièvres intermittentes si tenaces dans ces régions; le *Moschoxylon catharticum*, si commun sur les rives du Rio das Velhas; le *Lafoensia Pacari*, spécial aux terrains arides où il est très-abondant; les *Baccharis gaudichaudiana*, et surtout des *Cinchona* et des *Exostemma*, plantes toutes presque aussi efficaces que la première dans le traitement de la même maladie. Une autre famille, celle des *Érythroxylées*, fournit aux populations de l'intérieur plusieurs arbustes précieux, désignés généralement sous le nom de *Mercure des champs* (*Azogue do Campo*), et dont les propriétés sont utilisées avec avantage contre les parasites des animaux et les affections cutanées. Les *Oxalis*, les *Begonia*, et plusieurs espèces de *Smilax*, sont aussi employés avantageusement dans le traitement d'affections spéciales. Dans la partie la plus déserte de la vallée du San-Francisco, qui appartient à la vaste région des pâturages connus au Brésil sous le nom de *Campos*, on n'emploie généralement que des végétaux indigènes contre les effets de la morsure des reptiles venimeux. Enfin, le Brésil fournit incontestablement des préservatifs plus ou moins énergiques, mais toujours utiles, dans une multitude de cas. Dans ses *Plantes usuelles des Brésiliens*, A. de Saint-Hilaire a mentionné une certaine quantité des plantes médicinales les plus usitées au Brésil. Les savantes et précieuses recherches de M. de Martius, ainsi que celles de beaucoup d'autres naturalistes, sont venues augmenter cette liste, mais, quelque complète qu'elle puisse paraître tout d'abord, elle est loin de contenir l'énumération complète des richesses végétales utilisables, qui croissent sous l'influence du printemps perpétuel de ce pays. Pour les connaître, il faudrait séjourner longtemps dans chacune des provinces brésiliennes ; il faudrait les étudier minutieusement à différentes époques de l'année, et cela ne saurait être fait par des voyageurs généralement chargés d'explorer de vastes surfaces dans un court délai. La plus grande lacune qui existe dans la connaissance des végétaux utiles du Brésil est, selon moi, relative aux fruits. Le nombre de ces derniers doit être fort considérable, si l'on se base sur la variété que l'on rencontre en parcourant le pays du nord au sud, ou en s'éloignant de la côte pour aller à l'intérieur, double condition qui apporte de très-grandes modifications climatologiques, par suite de l'éloignement de la mer, et surtout de la progression hypsométrique ordinairement croissante vers les régions centrales.

Parmi les fruits qui ont été déjà décrits, je ferai mention de celui du *Caryocar brasiliense*, une des grandes ressources des pauvres qui habitent la vallée du San-Francisco. Ce fruit, dont le commerce pourrait tirer un grand parti, atteint le volume d'une grosse orange, et sa pulpe, d'une couleur orangée, est une substance dont les propriétés nourrissantes se rapprochent de celles du cacao. Le fruit du *Paullinia sorbilis* est un de nos produits naturels qui doivent appeler le plus l'attention des cultivateurs ; c'est le *Guarana* renommé de la vallée de l'Amazone, et qui, d'après le Dr Stenhouse, contient plus de théine qu'aucune plante connue. La famille incontestablement la plus riche à cet égard est celle des myrtacées, dont les différentes espèces sont trop nombreuses et trop répandues sur toute la surface du Brésil pour qu'il soit possible d'en donner actuellement le chiffre exact.

Il y a là certainement des ressources inépuisables, qui donneraient facilement un magnifique revenu au pays qui les possède.

Les plantes textiles ne sont pas les moins nombreuses et les moins dignes de notre attention. On parlait dernièrement, à Rio-de-Janeiro, d'un habitant de Minas, qui, sachant de quel prix sont les végétaux de cette nature, et guidé en même temps par ses dispositions naturelles, a entrepris une excursion dans la vallée à peine connue du Rio-Doce, et y a récolté, pendant un séjour de plus de deux ans, les plus beaux echantillons de fibres textiles qu'on ait vus jusqu'à ce jour.

C'étaient des produits, pour la majeure partie, nouveaux et fort remarquables par leur finesse et leur solidité. On sait, au reste, combien les fibres corticales

sont employées dans le Para par les indigènes indus-
trieux de cette province, pour la fabrication des ha-
macs aux couleurs variées et naturelles et celle des us-
tensiles qui leur sont nécessaires.

Dans quelques provinces du Nord, j'ai vu faire le
plus grand usage des feuilles des *Bromelia* ainsi que
de l'écorce des *Xylopia*, pour plusieurs objets nécessaires à l'économie domestique.

Les végétaux utiles aux arts et à l'industrie sont aussi
très-remarquables, à côté de ceux dont il vient d'être
question. La parfumerie, la teinturerie, et surtout la
construction, y trouveraient assurément des variétés
innombrables qui ne laisseraient que l'embarras du
choix; ainsi, à la dernière exposition de Londres, un
seul des catalogues des bois de construction envoyés
par le Brésil contenait quatre cent dix spécimens dif-
férents.

Et pour terminer cette revue rapide de plantes à
propriétés si diverses, je mentionnerai le *Jussiœa ca-
parosa*, qui, à lui seul, est doué de propriétés tinctoriales, médicinales et nutritives (1).

Mais, à côté de ces richesses qui font l'ornement du
Brésil, cette terre promise des naturalistes, selon l'ex-
pression d'Ach. Richard, et de ce climat qui ne laisse
jamais d'interruption dans la production, il existe une

---

(1) Le Dr Lund, paléontologiste renommé, qui habite depuis plusieurs années le Brésil, cultive dans son jardin, près de *Lagoa-Santa*
(Minas), cet arbuste précieux des *Campos*, dont les feuilles, préparées
comme celles du thé, lui fournissent une infusion qui, selon lui, est
aussi agréable et aussi salutaire que celle qu'on obtient des feuilles
des Ilex.

cause contraire et sans cesse agissante, qui tend, pour ainsi dire, à détruire les bienfaits que la nature répand avec tant de profusion.

Cette cause, c'est la culture telle qu'on la pratique habituellement depuis un grand nombre d'années dans presque toute l'Amérique méridionale.

Malheureusement, au Brésil, quoiqu'on ait les meilleures intentions pour modifier ce système, on en aperçoit bien les effets. Dans les cantons éloignés de l'action du progrès qui se fait déjà sentir dans presque toutes les capitales de l'empire ; l'agriculteur brésilien, et particulièrement celui qui dispose d'une grande superficie boisée, est le fléau des forêts. Le tableau fait par A. de Saint-Hilaire de l'agriculture des Brésiliens, quoique n'étant pas de nos jours aussi exact qu'il l'était de son temps, n'en représente pas moins l'état actuel sur de grandes surfaces à l'intérieur du pays.

Aujourd'hui encore, comme au temps où pour la première fois la hache fut portée au cœur de cette nature vierge, on n'y voit ni l'emploi de la charrue ni celui des engrais. Pour établir les cultures, on abat une vaste étendue de bois et on y met le feu. La plantation se fait sous les cendres des gros arbres dont les débris sont amoncelés sur un terrain calciné. Après la première récolte, on laisse la terre se reposer quelques années. Quelques arbustes ont à peine repoussé qu'on les coupe, pour les brûler et on plante de nouveau. Au bout d'un certain nombre de récoltes pareilles, on abandonne ce terrain entièrement épuisé, et on songe à faire de nouveaux défrichements ailleurs.

Ce système de culture, il faut le dire, est la conséquence de la richesse même du sol et de la grande

étendue des forêts du Brésil. Chaque propriétaire, dis·
posant d'un terrain considérable, trouve plus de profit
à planter dans les parties récemment défrichées qu'à
labourer les endroits épuisés par des plantations réité-
rées. S'il employait ce dernier système, il serait forcé,
comme les agriculteurs européens, de rendre à la terre
par les engrais ce qu'on lui a enlevé par la culture,
tandis que dans le sol boisé il trouve une fécondité qui
lui permet de faire plusieurs récoltes sans autre travail que celui du premier défrichement. Mais un tel
procédé, outre qu'il est incompatible avec les améliorations de l'agriculture, est une cause incessante de
destruction des végétaux, et doit amener d'ailleurs à la
longue des changements climatologiques très-graves
dans le pays. Le gouvernement brésilien a donc raison
de s'occuper de la fondation de fermes-modèles, car
l'exemple donné par les agriculteurs qui se servent des
meilleures méthodes de culture n'a exercé jusqu'ici
qu'une influence très-restreinte dans cet immense pays.
Malheureusement, l'action des fermes-modèles, ne
pourra agir que lentement au delà de certaines
limites.

La destruction se prolongera encore pendant bien
des années là où, par l'absence de moyens faciles de
communication, chaque propriétaire agricole suit libre-
ment la routine de ses ancêtres.

Dans quelques provinces du Nord, ce procédé de
dévastation est pratiqué jusqu'à l'abus. J'ai visité, en
janvier 1864, la belle et fertile province d'Alagoas,
dont les produits naturels sont encore complétement
inconnus dans les collections européennes, et en parcourant les bords de ses grands lacs, près de la côte ou

des vallées fécondes de l'intérieur, j'ai remarqué avec
regret que sur des points où, dix ans auparavant, j'avais
laissé une végétation vigoureuse et luxuriante, on ne
trouve plus aujourd'hui que des végétaux chétifs et
languissants.

Mais ce n'est pas exclusivement aux travaux agricoles qu'on sacrifie tant de plantes au Brésil. Les éleveurs d'animaux, espérant voir plus tôt l'herbe revenir
dans leurs pâturages, font brûler, vers la fin de chaque époque de sécheresse, tous les campos de leurs
domaines. La nouvelle herbe s'y montre effectivement
aux premières pluies, mais combien de plantes, parmi
les plus délicates, ont péri sous l'action du feu! Ainsi,
pour ne citer qu'un exemple, je parlerai des *Eriocau-
lon*, dont l'abondance était telle autrefois dans les
campos de Minas qu'A. de Saint-Hilaire, charmé du
contraste agréable de leurs fleurs blanches avec la ver-
dure des prairies, n'a pas pu s'empêcher d'en faire
mention dans ses considérations de géographie botanique. Quarante ans se sont à peine écoulés depuis
cette époque, et cependant on n'y trouve presque plus
de ces monocotylédonées, si communes jadis. Je les ai
rencontrées il est vrai, mais presque exclusivement
dans les bas-fonds humides où les flammes destructives des *Queimadas* ne viennent pas porter l'anéan-
tissement.

Sans aller plus loin, je crois que l'aperçu que je
viens de tracer justifie toutes les craintes qu'on a de
voir disparaître avant qu'il soit longtemps plusieurs
végétaux utiles, dont le Brésil regrettera un jour la
perte irréparable. C'est ce qui a eu lieu en Europe et
dans un grand nombre de colonies où de nombreux

laboureurs se sont livrés sans ordre ni prévoyance à leurs premiers défrichements.

Nous savons d'ailleurs combien la station ou la patrie de certains végétaux est restreinte, même dans les pays les plus féconds. Tous les voyageurs ont remarqué que telle plante abondante dans une vallée ou sur le haut d'une montagne ne se retrouve plus à quelques lieues de là. Ces plantes confinées sur d'étroits espaces sont donc plus exposées que les autres à périr par suite de ces incendies du pays.

C'est du gouvernement brésilien, et surtout de l'intelligence éclairée de l'illustre souverain qui règne au Brésil, qu'il faut espérer voir sortir les mesures nécessaires pour préserver de la destruction la masse de végétaux qui peuvent rendre de si grands et si variés services à l'humanité. Un de ces moyens, je m'empresse de le dire, l'empereur du Brésil nous l'a déjà fourni par la création de fermes-modèles, qu'il encourage lui-même de son action bienveillante.

Mais, comme je l'ai dit plus haut, l'extension de ces fermes sur le pays ne pourra avoir lieu que dans un cercle assez étroit pour le moment, vu la grande étendue des provinces et le manque de communications faciles avec l'intérieur. En outre, il est difficile de faire comprendre, au premier abord, à des paysans ignorants toute la valeur des améliorations qu'on voudrait introduire, et quand on arriverait chez eux par un tel moyen à vaincre totalement la routine léguée par nos ancêtres et en plein usage dans presque tout le Brésil, on n'aurait pas encore obtenu la mesure nécessaire à la conservation de nos végétaux ; l'agriculture seule y aurait gagné. Les éleveurs de bétail n'en continueront pas moins à suivre leurs habitudes destructives au sujet des *campos*.

Aussi, tout en louant hautement la création des fermes-modèles, que je voudrais voir établir dans toutes les provinces brésiliennes, je considérerai cette mesure comme insuffisante pour atteindre le but dont il s'agit.

A mon avis, pour arriver à ce résultat, il faudrait :

1° Établir une flore du pays, non pas comme on le fait habituellement par la conservation de plantes desséchées dans des herbiers, mais par l'acquisition aussi nombreuse que possible de végétaux vivants, réunis et étiquetés méthodiquement dans un endroit convenu.

2° Étudier dans ces plantes les propriétés qu'on leur connaît déjà, afin de s'assurer du degré de leur utilité, et reconnaître en même temps celles qui pourraient être utilisables. Avec un aussi large point de vue, j'ai songé à la création d'un *Hortus*, entièrement composé de plantes indigènes, et établi dans une région où les communications seraient le plus faciles avec les différentes parties de l'empire. Sa place, au reste, est indifférente, pourvu qu'il dispose d'un terrain varié dans sa topographie et sa constitution minéralogique, comprenant, par exemple, des collines, des marécages et des plaines sablonneuses, et en même temps qu'il soit possible aux naturels, ainsi qu'aux étrangers qui séjournent peu de temps dans nos rades, de le visiter avec facilité. De simples paysans suffiraient pour pourvoir cet établissement de tous les végétaux indigènes. Il faudrait, seulement, avoir soin de choisir ses correspondants dans des stations différentes, en leur recommandant de varier leurs envois, soit de graines, soit de plantes vivantes. Pour les plantes usitées actuellement, rien ne serait plus facile, car il n'y aurait qu'à les leur désigner sous les noms vulgaires qu'elles portent dans les lieux où elles croissent (1).

Ce serait un parc, unique dans son genre, sans aucun luxe ni ostentation, et où l'on ferait des expositions de produits agricoles et horticoles du pays. Son utilité serait multiple sous plusieurs points de vue, et en conséquence il ne pourrait recevoir que l'accueil le plus favorable du public; car, indépendamment de ce qu'il serait la première création de ce genre, il aurait la plus haute importance, en raison des considérations qui ont été développées plus haut, et aussi parce que les hommes de science, et surtout les sociétés d'acclimatation des pays étrangers, ne manqueraient pas, pour avoir des matériaux inconnus, d'offrir en échange au Brésil des espèces pouvant avoir pour ce dernier une assez grande utilité.

Au point de vue scientifique, on ne pourrait concevoir rien au-dessus d'un établissement de cette nature, car il permettrait de faire ce qu'on ne peut exécuter avec les spécimens presque toujours incomplets des herbiers, c'est-à-dire des études complètes, ou pour mieux dire nouvelles, sur cette flore vivante. Les descriptions y gagneraient considérablement, parce que,

---

(1) Le Dr Nicolas Moreira, médecin brésilien distingué, vient de publier un Catalogue des plantes usuelles du Brésil, dans lequel il fait connaître ces plantes par leur nom scientifique et vulgaire, en y ajoutant, en outre, de précieuses informations sur leurs différentes propriétés, dosages, etc., etc.

malgré tous les soins apportés par les hommes les plus compétents, on n'a pas pu, pour les plantes étrangères à l'Europe, établir d'une manière certaine toutes les particularités de chaque végétal. Dans les échantillons des herbiers, généralement mal conservés et surtout mal récoltés, il manque tantôt des fleurs, tantôt des feuilles, et presque toujours des fruits. Les renseignements sur le port du végétal, la nature de ses racines et mille autres indications intéressantes, ont été souvent négligés, ou plutôt on n'a pas pu les prendre. A tout cela il faut surtout ajouter des lacunes innombrables dans les caractères physiologiques, et enfin l'impossibilité d'observer les phénomènes vitaux qui ont tant contribué, dans ces dernières années, à l'avancement de la botanique.

Au point de vue pécuniaire, cet Hortus ne serait pas très-dispendieux. Il ne rentrerait pas, du moins, dans les conditions des musées européens, où l'on est forcé de faire des frais considérables pour la conservation de plantes exotiques venues d'un climat tropical. Là tout serait naturel, car le ciel du pays où les végétaux seraient cultivés ne serait autre que celui de la contrée dans laquelle ils croissent naturellement.

Enfin l'Hortus brésilien, tel que je le propose, serait encore une école précieuse, pleine de charme et d'émulation, où la jeunesse avide d'instruction irait apprendre à connaître les phénomènes admirables de la vie des plantes, non dans les pages des livres, mais sur des végétaux vivants, et qui, tout préparés pour l'observation, exposeraient devant ses yeux la plus grande richesse de son pays natal.

Après avoir lu cette note à la Société botanique de France, j'ai eu l'honneur de recevoir de M. Naudin les remarques qui suivent. En publiant ces notes de l'éminent naturaliste, j'ai cru donner plus de poids à mon modeste travail et rendre à mon pays un grand service.

Cher Monsieur,

J'ai lu avec un grand intérêt la notice dont vous m'avez laissé copie. Votre idée de faire créer un lieu de refuge pour les végétaux menacés de disparaître est excellente et ne peut manquer d'intéresser le gouvernement de Sa Majesté Brésilienne, comme elle intéressera tous les botanistes et tous ceux qui sentent l'utilité qu'il y aurait à étudier les plantes sous tous leurs aspects, et particulièrement sous celui des services que les arts et l'industrie peuvent leur demander. Combien de plantes précieuses seraient aujourd'hui conservées à l'Europe si ce soin avait été pris ! Je vous envoie ci-jointes quelques remarques que je crois bonnes à ajouter à votre note.

En attendant, veuillez, etc., etc.

Ch. Naudin.

Au Muséum d'histoire naturelle.

« Ce serait une pensée digne d'un gouvernement éclairé et prévoyant de réserver, dans chacune des grandes provinces, quelques lieues carrées de terrains boisés qui seraient soustraits aux dévastations de la culture et des défrichements, et où se conserveraient d'eux-mêmes les végétaux indigènes du pays, qui, faute de cette précaution, sont menacés de disparaître, au moins en grande partie. Dans l'état actuel de la population du Brésil, population clair-semée sur d'immenses espaces, les terres ont peu de valeur, et par conséquent la mesure proposée serait très-peu dispendieuse. Ces bois, ou forêts réservées et devenues propriétés de la couronne ou de l'État, seraient en même temps un refuge assuré pour un grand nombre d'animaux (mammifères et oiseaux particulièrement) qui sont pareillement menacés de disparaître par l'envahissement graduel de la culture. On ne saurait douter qu'ils n'aient, comme les plantes elles-mêmes, un rôle important à remplir dans l'économie de la nature, et qu'ils ne doivent, à un moment donné, servir directement à quelque industrie humaine. Les oiseaux, particulièrement, devraient être ménagés, attendu que, sous le climat chaud du Brésil, les insectes pullulent, et qu'un jour viendra où ils infligeront, comme en Europe, de terribles désastres à l'agriculture. Il est bien reconnu, en effet, que ces animaux destructeurs se multiplient en raison de l'abondance des produits de la terre, si, en même temps, leur multiplication n'est tenue en échec par un nombre proportionné d'oiseaux insectivores. Les pertes énormes causées aux agriculteurs français par l'alucite, les charançons, les chenilles, les hannetons, etc., ne seraient rien à côté de celles que les cultivateurs brésiliens auraient à endurer si ce pays se dépeuplait d'oiseaux.

« Les particuliers ne songeant pas à l'avenir, c'est au gouvernement à y songer pour eux. Mais, indépendamment de ces forêts réservées, il faudrait de grands jar-

dins rapprochés des villes, où seraient cultivées et ob-
servées toutes les plantes auxquelles on pourrait sup-
poser quelque utilité. Le Brésil, par sa grande étendue,
présentant de grandes différences climatériques du
nord au sud, il faudrait au moins deux de ces jardins
d'études : l'un à Bahia, pour les plantes équatoriales ;
l'autre à Rio de Janeiro, pour les plantes simplement
tropicales. Dans chacun d'eux un seul jardinier suffi-
rait à l'entretien et à la conservation des plantes, sauf
à prendre de loin en loin quelques ouvriers pour les
travaux les plus pressants. Ces jardins seraient de vé-
ritables laboratoires où les végétaux seraient étudiés
sous tous leurs aspects scientifiques et industriels.

« On s'appliquerait à y reconnaître les emplois aux-
quels on pourrait les appliquer avec profit, comme
plantes fourragères, céréales, plantes tinctoriales,
plantes filassières, textiles ou propres à la fabrication du papier (industrie fort importante aujourd'hui),
plantes médicinales, plantes à gommes, résines, bau-
mes, caoutchouc, gutta-percha. plantes odoriférantes
ou aromatiques, plantes d'agrément pour expédier en
Europe et ailleurs ou pour l'usage local ; arbres frui-
tiers indigènes ou exotiques, arbres forestiers de toute
taille et de toute qualité. Un laboratoire de chimie de-
vrait être annexé à ces jardins, pour l'analyse des mille
produits végétaux qui s'y récolteraient, ainsi qu'un
atelier à dessécher des plantes et une petite bibliothè-
que botanique appropriée au travail qui s'y exécute-
rait.

« Dans ces établissements, on pourrait faire des cours
élémentaires de *botanique industrielle*, d'agriculture,
d'horticulture, et en général d'histoire naturelle, qui

serviraient à répandre l'instruction et le goût de la culture dans la population. Bien certainement il s'y formerait un certain nombre de praticiens éclairés et d'hommes d'initiative qui feraient avancer très-notablement la science agricole au Brésil. Il ne faut pas oublier que le manque d'initiative dont on se plaint si souvent n'a d'autre cause que le défaut d'instruction. Comment, en effet, découvrir une voie nouvelle quand on est circonvenu de toutes parts par l'ignorance de ce qu'il y aurait à faire? Ce serait aussi difficile qu'à un aveugle de choisir lui-même son chemin et de suivre une direction quelconque. Si ces établissements se créaient, il faudrait éviter d'y introduire du luxe, qui est coûteux et ne sert à rien. Ils devraient être aussi simples que possible et ne se développer que graduellement, au fur et à mesure des besoins. Bien des institutions utiles succombent parce qu'on a voulu, dès le principe, les établir sur une trop grande échelle, ou leur donner un relief que ne comportaient ni les circonstances ni les besoins du moment. »

Paris — Typographie de A. PARENT, rue Monsieur-le-Prince, 31